Bibliografische Information der Deutschen Nationalbibliothek:

Die Deutsche Bibliothek verzeichnet diese Publikation in der Deutschen National-
bibliografie; detaillierte bibliografische Daten sind im Internet über http://dnb.d-
nb.de/ abrufbar.

Impressum:

Copyright © 2012 GRIN Verlag, Open Publishing GmbH
Druck und Bindung: Books on Demand GmbH, Norderstedt Germany
ISBN: 978-3-668-16506-9

Dieses Buch bei GRIN:

http://www.grin.com/de/e-book/317358/die-auswirkungen-der-din-en-1090-auf-
kleine-und-mittelstaendische-betriebe

Sophia Rönsch

Die Auswirkungen der DIN EN 1090 auf kleine und mittelständische Betriebe in der Metallverarbeitungsbranche

GRIN Verlag

Die Auswirkungen der DIN Euro-Norm 1090 für kleine und mittelständische metallverarbeitende Betriebe

Hausarbeit

an der Hochschule für Technik und Wirtschaft
Berlin

WIW

Berlin, Juni 2012

1. Inhaltsverzeichnis

2. Einleitung

2.1. Problembeschreibung

Heutzutage wird immer deutlicher wie sehr die Europäische Union unseren privaten und beruflichen Alltag beeinflusst. Dahinter steht hauptsächlich der politische Wille, Handelshemmnisse zwischen den Mitgliedsländern zu minimieren, so dass ein weitestgehend freier Personen-, Dienstleistungs-, Kapital- und Warenmarkt stattfinden kann. Dazu gehört auch die Angleichung von Technischen Vorschriften, durch welche die Waren am Markt definiert und geregelt werden. Es werden normierte technische Regelwerke benötigt, die in ganz Europa akzeptiert werden, weitgehend gleich sind und den Verbraucherschutz erhöhen. Bisher galten in Deutschland die nationalen Normen DIN 18800 Teile 1 – 4 von 1990 und Teil 7 von 2002 für den Stahlbau, sowie DIN 4114 für den Aluminiumbau. Dazu folgte 2008 eine überarbeitete Fassung aller Teile. Bedingt durch die Europa-Angleichung führte die Bauaufsicht am 17.12.2010 die europaweit geltende Normreihe DIN EN 1090 (europäische Bemessungsnorm, kurz: Eurocode) ein, welche maßgebliche Änderungen für die Ausführung von Stahl- und Aluminiumtragwerken beinhaltet. Seit dem 01.01.2011 wird die DIN EN 1090-1 angewendet, d.h. CE-gekennzeichnete Produkte (gerechnete, geschweißte, beschichtete und geschraubte Produkte) nach Norm in den Verkehr gebracht. Auch die Ausführung der DIN EN 1090-2 startete im Januar 2011. Die Koexistensphase der DIN 18800 und der DIN EN 1090 sollte in Deutschland am 01.07.2013 (bereits vom 01.07.2012 um ein Jahr verlängert) enden, wurde nun aber vom ständigen Ausschuss für das Bauwesen (StAB) in Brüssel erneut um ein Jahr auf den 01.07.2014 verschoben. Alle Unternehmen, die im bauaufsichtlichen Bereich Bauteile aus Stahl oder Aluminium herstellen, müssen ab Juli 2014 bindend nach der DIN EN 1090 arbeiten und die werkseigene Produktionskontrolle durch eine notifizierende Stelle zertifizieren lassen um der Norm zu entsprechen. Neu ist die Überwachungspflicht für alle Hersteller tragender Bauteile sowie die Überwachung aller in der Handwerksrolle eingetragenen Metallbaubetriebe (ca. 30.000) durch bisher 15 notifizierte Stellen.

2.2. Hypothesenbildung

Die Einführung der DIN EN 1090 führt zu Auftragsabnahme und Änderungen der
Produktpolitik bei kleinen und mittelständischen Unternehmen, wenn diese auf Grund ihrer
Struktur die Norm nicht umsetzen können.

2.3. Relevanz der Hypothese

Die CE-Kennzeichnung wird nach übereinstimmender Meinung der Experten bereits in
diesem Jahr weiter an Bedeutung gewinnen, da vom Auftraggeber stärker auf die Einhaltung
der entsprechenden Vorschriften geachtet wird. Dies geschieht schon deshalb, weil die
Kunden Leistungsmerkmale direkt miteinander vergleichen können. Für die Praxis des
Metallbauers heißt das, sich einerseits intensiv mit dem Angebot seiner Systemlieferanten in
Bezug auf die CE-Kennzeichnung auseinanderzusetzen und die gegebenen Möglichkeiten zu
nutzen. Zugleich muss er für seine Kunden zusätzliche Zeit in die Beratung- und
Servicequalität investieren. Kleinst- und mittelständische Unternehmen sind auf Grund von
Fachpersonal- und Räumlichkeitsmangel und auch aus Kostengründen häufig nicht in der
Lage, solche Neuerungen störungs- und mängelfrei in der vorgegebenen Zeit umzusetzen.

2.4. Zielsetzung

Ziel dieser Hypothese ist, dem Leser ein Grundwissen über die behandelte Problematik zu
vermitteln, welches es erlaubt, sich eine eigene Meinung zu verschaffen und objektive
Argumente zur Bestätigung oder Falsifizierung der Hypothese zu erdenken. Die
Möglichkeiten und Risiken neuer länderübergreifender Regelungen sollen dargestellt und
herausgearbeitet werden. Hierzu werden einzelne Teilbereiche der DIN EN 1090 aufgezeigt
und mit Auszügen aus der Bemessungsnorm unterlegt. Des Weiteren sollen Verweise auf
Normen und Vorschriften den Einstieg in die Diskussion ermöglichen. Eine Überprüfung der
Hypothese anhand der Kriterien nach Bortz/Döring wird ausgeführt.

2.5. Themenrelevante Begriffsdefinition

CC	Schadensfolgeklasse (consequence class)
CEN	Comité Européen de Normalisation, lt. DIN EN 1090-1: 30 Mitgliedsstaaten

CE	Communauté Européenne: bestätigt, dass Produkt mit Richtlinie EG übereinstimmt
PC	Herstellungskategorie (production category)
SC	Beanspruchungskategorie (service category)
Bauprodukte	Baustoffe, Bauteile und Anlagen, die hergestellt werden um dauerhaft in Anlagen des Hoch- und Tiefbaus montiert zu werden. Auch vorgefertigte Anlagen, die mit dem Erdboden verbunden werden, wie z.Bsp. Fertighäuser, Silos und zählen dazu.
tragende Bauteile	„Bauteile für tragende Zwecke zur Sicherstellung der mechanischen Festigkeit und Standsicherheit und/oder des Feuerwiderstandes sowie der Dauerhaftigkeit und der Gebrauchstauglichkeit eines Bauwerks. Tragende Bauteile können direkt im Lieferzustand verwendet werden oder zum Einbau in ein Bauwerk vorgesehen sein." (DIN EN 1090-1 Abs. 3.1.9)
WPK	werkseigene Produktionskontrolle

3. Inhalt

3.1. Konformität/ CE-Kennzeichnung

3.1.1. Allgemeines

Für die Teilnehmerländer des CEN besteht Kennzeichnungspflicht mit dem CE-Zeichen für die Produkte, für die Richtlinien des Europäischen Rates existieren. Dazu gehören jetzt auch tragende Bauteile aus Stahl oder Aluminium. „Diese harmonisierte Europäische Norm enthält Festlegungen für den Konformitätsnachweis von Bauteilen, bei deren Einhaltung davon ausgegangen werden kann, dass die Bauteile die vom Bauteilhersteller angegebenen Leistungsmerkmale aufweisen(Konformitätsvermutung)"(DIN EN1090-1 Einleitung). Die Konformitätsvermutung gilt auch für Produkte, die der Hersteller mit CE-Kennzeichnung beschafft (z.B. Halbzeuge) und löst den bisherigen Übereinstimmungsnachweis (Ü) der DIN 18800 Teil 7 ab. Um als Hersteller ein CE-Zeichen auf dem Produkt anbringen zu können, ist die Zusammenarbeit mit einer anerkannten Zertifizierungsstelle im Rahmen eines Überwachungsvertrages erforderlich. DIN EN 1090-1 Tabelle ZA.3 gibt eine Übersicht über die Aufgaben von Hersteller und Zertifizierungsstelle.

Aufgaben			Inhalt der Aufgabe	Anzuwendende Abschnitte zur Bewertung der Konformität
Aufgaben des Herstellers	Erstprüfung		Maßgebende Parameter, bezogen auf die in Tabelle ZA.1 aufgeführten Leistungsmerkmale	6.2
	Werkseigene Produktionskontrolle		Maßgebende Parameter, bezogen auf die in Tabelle ZA.1 aufgeführten Leistungsmerkmale	6.3
	Probenahme, Prüfung und Überprüfung im Werk		Maßgebende Eigenschaften nach Tabelle ZA.1	Tabelle 2
Aufgaben der Zertifizierungs- stelle	Zertifizierung der werkseigenen Produktions- kontrolle durch eine anerkannte Stelle auf den folgenden Grundlagen:	Erstinspektion des Werkes und der werkseigenen Produktionskontrolle	Maßgebende Parameter, bezogen auf die in Tabelle ZA.1 aufgeführten Leistungsmerkmale	6.3 und Anhang B
		Laufende Überwachung, Beurteilung und Anerkennung der werkseigenen Produktionskontrolle	Maßgebende Parameter, bezogen auf die in Tabelle ZA.1 aufgeführten Leistungsmerkmale	6.3 und Anhang B

Auszug aus DIN EN 1090-1

3.1.2. Zertifizierungsstelle

Die Überwachung durch die Zertifizierungsstelle besteht aus einer Erstprüfung und einer regelmäßig wiederkehrenden Prüfung. "Zweck der Erstprüfung ist nachzuweisen, dass der Hersteller (z. Bsp. Metallbauer) über die Voraussetzungen verfügt, um tragende Bauteile und Bausätze nach dieser Europäischen Norm zu liefern." (DIN EN 1090-1 Abs. 6.2.1) Die Erstprüfung erstreckt sich auf die Erstberechnung (*ITC*, Voraussetzungen hins. der Statik, Fertigungszeichnungen und Bemessung der Konstrukte) und die Erstprüfung (*ITT*, Voraussetzungen hins. der Herstellung, des Verfahrens, der Ausführungsklasse und Produktneuheiten)

Der Fremdüberwacher (Zertifizierungsstelle) stellt nach der Erstinspektion des Unternehmens (Werkstatt, Produktionshalle,...) und der werkseigenen Produktionskontrolle (WPK) ein „Schweißzertifikat" aus. (siehe DIN EN 1090-1 Tab. B.1) In diesem werden dem Hersteller die Übereinstimmung mit den Anforderungen bestätigt. Danach wird die WPK des Herstellers in regelmäßigen Abständen geprüft, beurteilt und neu zertifiziert, die Prüfintervalle sind in DIN EN 1090-1 Tab. B.3 festgelegt: EXC1 und EXC2 1 – 2 – 3 – 3 – ... (Jahre), EXC3 und EXC4 1 – 1 – 2 – 3 – 3 – ... (Jahre)

Aufgaben in Bezug auf die konstruktive Bemessung[a]	Aufgaben in Bezug auf die Ausführung
— Beurteilung anhand von Proben, ob die für die konstruktive Bemessung der betreffenden Bauteile erforderlichen Ressourcen zur Verfügung stehen und funktionsfähig sind. — Beurteilung anhand von Proben, ob die erforderlichen Einrichtungen und Ressourcen z. B. Verfahren für Berechnungen mit der Hand und/oder Rechner und Software für die Arbeiten zur Verfügung stehen und funktionsfähig sind. — Beurteilung der Verfahren für die konstruktive Bemessung einschließlich der Kontrollverfahren zur Sicherstellung, dass die Bauteile die Anforderungen erfüllen. Abnahme des Systems der werkseigenen Produktionskontrolle für die konstruktive Bemessung.	— Beurteilung anhand von Proben, ob das Überwachungssystem die Einhaltung der Anforderungen nach EN 1090-2 bzw. EN 1090-3 an die Geometrie, die Verwendung der richtigen Ausgangswerkstoffe und -produkte und die Bewertungsgruppen sicherstellt. — Überprüfung und Beurteilung des werkseigenen Systems zur Kontrolle der Konformität und der Verfahren für den Umgang mit Bauteilen, die die Anforderungen nicht erfüllen. Abnahme des Systems der werkseigenen Produktionskontrolle für die Herstellung von tragenden Stahl- und/oder Aluminiumbauteilen.
[a] Dies ist nur erforderlich, wenn Eigenschaften, die durch die Bemessung beeinflusst werden, anzugeben sind.	

Auszug aus DIN EN 1090-1

3.1.3. Werkseigene Produktionskontrolle

Der Hersteller wird verpflichtet eine werkseigene Produktionskontrolle (WPK) zu unterhalten. „Mit dem System der werkseigenen Produktionskontrolle ist nachzuweisen, dass die Systeme zur Ausführung von Arbeiten nach dieser Europäischen Norm für die Herstellung von den Anforderungen dieser Europäischen Norm entsprechenden Bauteilen geeignet sind." (DIN EN 1090-1 Abs.B.2) Die WPK umfasst alle Betriebsabläufe – Planung, Fertigung, Verpackung und Versand und dokumentiert die Verfahren, Prüfabläufe, Prüfhäufigkeit und den Prüfumfang. „Das System der werkseigenen Produktionskontrolle muss schriftlich festgelegte Verfahren, regelmäßige Kontrollen und Prüfungen ... umfassen. Ein System der werkseigenen Produktionskontrolle, das den Anforderungen von EN ISO 9001 entspricht und den Anforderungen dieser Europäischen Norm angepasst wurde, gilt als ausreichend für die Erfüllung der oben aufgeführten Anforderungen." (DIN EN 1090-1 Abs. 6.3.1) Ein Verantwortlicher für die WPK ist zu benennen, zu schulen und mit der notwendigen Kompetenz auszustatten. Dieser trägt die Verantwortung für die Durchführung der Kontrolle nach DIN EN 1090 und ist bevollmächtigt, die Konformitätserklärung zu unterzeichnen. Dokumentierte Verfahren und Anweisungen müssen durch den Beauftragten ausgearbeitet, beschrieben, protokolliert und geprüft werden. Die werkseigene Produktionskontrolle von Subunternehmen und Lieferanten wird durch die Zertifizierungsstelle stichprobenartig geprüft und ist durch den Hersteller sicherzustellen.

Eine eigenständige Zertifizierung der Unterlieferanten ist nach DIN EN 1090 nicht vorgesehen.

3.1.4. Klassifizierung und Kennzeichnung

Die einzelnen gefertigten Bauteile müssen einer Ausführungsklasse zugeordnet werden (EXC1-4).

EXC1: ruhend beanspruchte Bauteile oder Tragwerke aus Stahl bis S275

EXC2: vorwiegend ruhende Bauteile oder Tragwerke aus Stahl bis S700

EXC3: vorwiegend ruhende Bauteile oder Tragwerke aus Stahl bis S700 (mit besonderer Last)

EXC4: Bauteile oder Tragwerke der Klasse EXC3 mit extremen Schadensfolgen

Außerdem müssen die Bauteile einer Toleranzklasse zugeordnet werden – entweder 1 oder 2 nach DIN EN 1090-2 Anh. D.2 oder einer Klasse nach DIN EN ISO 13920. In DIN EN 1090-2 Tabelle A.1 sind verschiedene Deklarationsverfahren geregelt. Daraus entsteht die Verpflichtung, die Verantwortung zwischen Besteller und Hersteller eindeutig zu regeln. Der Hersteller erstellt für das Bauteil eine Konformitätserklärung nach der Bauproduktenrichtlinie. Die erforderlichen Angaben sind in DIN EN 1090-1 Tabelle ZA.2.3 beschrieben: Name und Anschrift des Herstellers sowie Herstellungsort, Beschreibung des Produkts, Kopie der CE-Kennzeichnung, Regelwerken, denen das Produkt entspricht, besondere Verwendungshinweise, Nummer des Zertifikates (von der Zertifizierungsstelle) über die Bewertung der WPK, Name und Funktion des Unterzeichners

Die eigentliche Kennzeichnung mit dem CE-Zeichen ist in DIN EN 1090-1 Anh. ZA.3 geregelt und kann direkt auf dem Bauteil oder auf einem gesonderten Blatt der beizufügenden Unterlagen erfolgen.

3.2. Sicherheitskonzept

Das Sicherheitskonzept verwendet die Vorgaben aus EC0 Anhang B hinsichtlich der
möglichen Schadensfolgen.

Kriterium 1:

CC1 – niedrige Folgen für Menschenleben und kleine wirtschaftliche, soziale oder
umweltschädliche Folgen

CC2 – mittlere Folgen für Menschenleben und beeinträchtliche wirtschaftliche, soziale oder
umweltschädliche Folgen

CC3 – hohe Folgen für Menschenleben und sehr große wirtschaftliche, soziale oder
umweltschädliche Folgen

Außer den Schadensauswirkungen werden nach DIN EN 1090-2 Anhang B die
Beanspruchungen des Bauwerks oder Bauteils bewertet.

Kriterium 2:

SC1 – ruhende Belastung, bemessen für geringe Erdbebeneinwirkung und
Ermüdungseinwirkungen

SC2 – Schwingungsempfindliche Bauteile, bemessen für mittlere und starke
Erdbebeneinwirkung

Zuletzt wird nach DIN EN 1090-2 Anhang B der Anspruch der Fertigungsaufgabe bewertet.

Kriterium 3:

PC 1 – nicht geschweißte Bauteile, geschweißte Bauteile aus Stahlsorten unter S355

PC2 – geschweißte Bauteile aus Stahlsorten über S355, erwärmte Bauteile, Konstrukte aus
Rohr

Die drei genannten Kriterien beschreiben jeweils einen Bereich von geringem bis hohem
Risiko. Diese Anforderungen werden mit den Begriffen EXC1 (gering) bis EXC4 (hoch)
bezeichnet.

Zusammenfassung der Bedingungen

Fertigungsbedingungen	Beanspruchung	Schadensfolgen		
		CC1 niedrig	CC2 mittel	CC3 hoch
PC1 **einfach**	**SC1** **einfach**	EXC1	EXC2	EXC3a
	SC2 **komplex**	EXC2	EXC3	EXC3a
PC2 **schwierig**	**SC1** **einfach**	EXC2	EXC3	EXC3a
	SC2 **komplex**	EXC2	EXC3	EXC4

Die oben abgebildete Tabelle entspricht DIN EN 1090-2 Tabelle B.3

Ohne eine Zuordnung zu einer der Ausführungsklassen ist die Anwendung der Norm nicht möglich. Die Zuordnung des gesamten Tragwerks oder einzelner Bauteile zu einer der Ausführungsklassen ist daher zwingend notwendig und - sofern nicht anders angegeben fällt- das Bauteil unter EXC2 (DIN EN 1090-2 Abs. 4.1.2). Grundsatz EN DIN 1090-2 Abs. 4.1.1: „Für alle Teile der Stahlkonstruktion müssen die notwendigen Informationen und technischen Anforderungen vor Beginn der Ausführungsarbeiten vereinbart und abschließend geregelt sein. Es muss auch geregelt werden, wie bei Änderungen bereits vereinbarter Ausführungsunterlagen verfahren wird."

3.3. Qualifikation

In DIN EN 1090-2 Abs. 7.1 ist die Zuordnung zwischen Ausführungsklassen und Qualitätsanforderungen beschrieben. Die erforderliche Qualifikation für die Schweißaufsichtsperson (SAP) ergibt sich aus DIN EN ISO 3834 Teil 5 Tabelle 2, welche wiederum auf DIN EN ISO 14731 verweist.

EXC1 Elementare Qualitätsanforderungen nach DIN EN ISO 3834 Teil 4 (keine besonderen Anforderungen)

EXC2 Standard Qualitätsanforderungen nach DIN EN ISO 3834 Teil 3 (Intern. Schweißfachmann, kleiner Eignungsnachweis, bauteilabhängig mit Erweiterung)

EXC3, EXC4 Umfassende Qualitätsanforderungen nach DIN EN ISO 3834 Teil 2(Intern. Schweißingenieur, großer Eignungsnachweis, bauteilabhängig mit Erweiterung)

Für EXC1 werden in der Norm keine besonderen technischen Forderungen erhoben, aber aus der Norm heraus ist nur schwer zu beantworten, welche Bauteile letztendlich als Tragwerke eingestuft werden und welche nicht. Der Erörterung dieser Frage hat sich derzeit der Arbeitskreis „1090" des deutschen Institutes für Bautechnik angenommen und erarbeitet eine Liste von Bauteilen, die eindeutig den jeweiligen EX-Klassen zugeordnet sind.

3.4. Rückverfolgbarkeit

Fertigungsmaterialien müssen den Listen der Europäischen Normen entnommen werden. Falls andere Materialien verwendet werden, „müssen deren Eigenschaften festgelegt werden". Die Zuständigkeit dieser Aufgabe ist aus dem Regelwerk nicht ersichtlich. Letztendlich muss der Hersteller dafür sorgen, dass die Festlegung vorgenommen wird. Die erforderlichen Bescheinigungen, die für eine normierte Festlegung benötigt werden, sind in DIN EN 1090-2 Tabelle 1 Abs. 5.2 aufgelistet. Aufzeichnungen aus Serienanfertigung dürfen als Grundlage für die Rückverfolgbarkeit herangezogen werden. (vgl. DIN EN 1090-2 Abs. 5.2). „Falls eine Kennzeichnung gefordert wird, gelten ungekennzeichnete Konstruktionsmaterialien als nichtkonforme Produkte." (DIN EN 1090-2 Abs. 5.2) „Bei EXC3 und EXC4 müssen die Prüfbescheinigungen den fertiggestellten Bauteilen zuordenbar sein." (DIN EN 1090-2 Abs. 6.2).

3.5. Auswirkungen auf spezifische Arbeitsschritte

3.5.1. Schweißen

„Schweißen muss in Übereinstimmung mit den Anforderungen des maßgebenden Teils von EN ISO 3834 oder, wenn zutreffend, nach EN ISO 14554 durchgeführt werden." (DIN EN 1090-2 Abs. 7.1)

Diese Normen regeln das Niveau der Qualitätssicherungsmaßnahmen:„umfassend" –
„Standard" – „elementar". „Ein Schweißplan muss vorliegen als Bestandteil der geforderten
Planung der Produktrealisierung des maßgebenden Teils von EN ISO 3834." (DIN EN 1090-2
Abs. 7.2.1) Die Anforderungen an einen Schweißplan sind in DIN EN 1090-2 Abs. 7.2.2
detailliert beschrieben.

„Schweißen muss mit qualifizierten Verfahren durchgeführt werden, für die je nach
Anwendungsfall eine Schweißanweisung (WPS) entsprechend des maßgeblichen Teils von EN
ISO 15609, EN ISO 14555 bzw. EN ISO 15620 vorliegen muss. (DIN EN 1090-2 Abs. 7.4.1.1)
Die Regeln für die Qualifizierung von Schweißverfahren sind in DIN EN 1090-2 Abs. 7.4.1.2
beschrieben. „Schweißer müssen nach EN 287-1 und Bediener von Schweißeinrichtungen
nach EN 1418 qualifiziert werden. Aufzeichnungen von allen Qualifizierungsprüfungen …
müssen verfügbar sein." (DIN EN 1090-2 Abs. 7.4.2)

7.4.3   Schweißaufsicht

Bei EXC2, EXC3 und EXC4 muss die Schweißaufsicht während der Ausführung der Schweißarbeiten durch
ausreichend qualifiziertes Schweißaufsichtspersonal sichergestellt sein. Sie muss über Erfahrungen in den zu
beaufsichtigenden Schweißarbeiten, wie in EN ISO 14731 festgelegt, verfügen.

In Bezug auf die zu beaufsichtigenden Schweißarbeiten muss das Schweißaufsichtspersonal technische
Kenntnisse nach den Tabellen 14 und 15 besitzen.

Auszug aus DIN EN 1090-2

Auf Grund der Bestimmungen ist es kaum noch möglich für einen Schweißer ohne
Schweißaufsicht auf einer Baustelle eine Montage oder Reparaturarbeit auszuführen. Auch
das generelle Vertretungsproblem (Urlaub, Krankheit, Schwangerschaft) muss für den
Fremdüberwacher eindeutig gelöst werden. „Schweißzusätze müssen in Übereinstimmung
mit den Empfehlungen des Herstellers gelagert, gehandhabt und verwendet werden." (DIN
EN 1090-2 Abs. 7.5.2) Wenn keine Herstellerempfehlung bezüglich Temperatur und Zeit
vorliegt, gilt Tabelle 16 der DIN EN 1090-2. Diese beinhaltet u.a. die Einrichtung einer
separierten Räumlichkeit zum Vorwärmen und zur Wärmenachbehandlung einschließlich
geeichter Temperaturmesseinrichtungen; je nach Beanspruchungsrichtung, rechnerischem
Ausnutzungsgrad der Schweißnaht und der Ausführungsklasse, Einrichtungen für die
zerstörenden und zerstörungsfreien Prüfungen der Bauteile sowie Einrichtungen für die
Nahtvorbereitung und zum Brennschneiden (einschließlich thermisches Schneiden).

„Es muss festgelegt werden, ob die Anlauffarben, die sich während des Schweißens bilden, zu entfernen sind." (DIN EN 1090-2 Abs. 7.7.2) „Alle Schweißnähte müssen über deren gesamte Länge einer Sichtprüfung unterzogen werden." (DIN EN 1090-2 Abs. 12.4.2.2)

4. Zusammenfassung

4.1. Schlussfolgerung

Die neue DIN EN 1090 Norm:

Pro	Contra
Qualitätstransparenz gegenüber dem Kunden	Kosten durch die Gebühren der Zertifizierung
Marktbereinigung von „schwarzen Schafen"	Kosten durch die Umstellung der Produktion
erhöhter Verbraucherschutz	Zusatzkosten durch die zu erbringenden Qualifikationen
einheitliche Reglementierung für die gesamte EU	Kosten und Zeitaufwand durch die WPK
Abbau von länderübergreifenden Handelshemmnissen	erhöhter Verwaltungsaufwand durch Dokumentation und erstellen von Handbüchern
	steigende Preise der Lieferanten und Subunternehmer
	steigende Preise der eigenen Produktion, die an den Kunden weitergereicht werden müssen

4.2. Diskussion

Trotz eines erhöhten Kosten- und Verwaltungsaufwandes werden sich die meisten betroffenen Betriebe den EU-Vorschriften beugen müssen und sich um eine Zertifizierung bemühen. Gerade in der metallverarbeitenden Branche herrscht ein sehr hoher Kostendruck. Viele Betriebe stehen in direktem Wettbewerb mit Konkurrenten, die Vorschriften und Normen (z. Bsp. Schweißqualifikationen, Arbeitsschutz) ignorieren und sich

so über einen niedrigen Marktpreis bei uninformierten Abnehmern positionieren können.
Die DIN EN 1090 könnte diesen Missstand im Bereich der gewerblichen/ öffentlichen
Arbeiten bereinigen, da eine DIN Zertifizierung explizit gefordert wird. Im Bereich der
privaten Abnehmer könnte sich der Missstand aber auch verschärfen, da viele Privatleute
vor den Preissteigerungen bei zertifizierten Betrieben zurückschrecken. Trotzdem ist zu
erwarten, dass auf Grund des rechtlichen Druckes, den die neuen europäischen Vorschriften
erzeugen, die Einführung der DIN EN 1090 zu einer Marktbereinigung führt. Negativ zu
bewerten ist dabei, dass auch viele qualifizierte Kleinst- und mittelständische Betriebe der
Umsetzung der neuen Norm, die häufig nur mit professioneller Hilfe zu erreichen ist, nicht
gewachsen sind. Was bisher durch Fachkenntnisnachweis, Meisterbrief und
Schweißnachweis abgedeckt wurde, ist nach der neuen Norm nicht mehr ausreichend,
unabhängig davon, ob die Arbeiten ordentlich und nach dem aktuellen Stand der Technik
ausgeführt werden. Kleine Betriebe werden von wichtigen Ausschreibungen, bei denen die
Vergabe auf Bedingung der DIN EN 1090 erfolgt (was bereits heute bei Vergaben öffentlicher
Stellen und Kommunen der Fall ist), ausgeschlossen. Diese Auftragsabnahmen bedeuten für
diese Unternehmen, die generell nur wenige, dafür aber existenzielle Aufträge bearbeiten,
häufig den Konkurs. Es ist daher zwingend erforderlich, zu prüfen, ob es für Betriebe, die sich
auf die Herstellung von Bauteilen der Klasse EXC1 (früher Klasse A) beschränken, eine
Ausnahmegenehmigung geben kann. Selbst Experten sind davon überzeugt, dass die Norm
für metallverarbeitende Betriebe ungeeignet ist und nur eingeführt wurde, weil größere
Metall- und Stahlbauer den Markt reglementieren und unter sich aufteilen wollen.
Verdienen werden daran vor allem die Institute, die die Betriebe prüfen und die
Zertifizierungen erstellen (vgl. Cornelius Pronk, Präsident IFGS). Problematisch ist auch der
Aspekt, dass die meisten Unternehmer erst am Ende der Übergangsfrist „aufwachen"
werden, da sich die Informationspolitik von staatlicher Seite, sowie von Vertretern und
Verbänden nur schleppend vollzieht und die Einleitung der Koexistensphase keine
nennenswerten Änderungen mit sich brachte. Der zähe Informationsfluss führt bei den
meisten Unternehmen zu einem Halbwissen, das Sorgen bereitet und Ängste schürt. Viele
Unternehmer zweifeln auch an einer gerechten und vor allem gleichen Durchführung der
Erst- sowie der Folgekontrollen durch die notifizierten Stellen. Fraglich ist, inwiefern die
Umsetzung der Norm in den anderen EU-Ländern im gleichen Ausmaß zu Deutschland
erfolgt. Weiterhin müssen die Zertifizierungskosten entsprechend (zu Lasten der Kunden)

umgelegt werden. Besonders betroffen sind individuell arbeitende Betriebe, die vor allem

Einzel- und Sonderanfertigungen anbieten, da die Produktprüfung für jedes einzelne

tragende Bauteil vollzogen werden muss und sich somit deutlich in der Kalkulation

wiederspiegelt. Auch ist noch unklar ob die DIN EN 1090 auf weitere Gewerke, wie z. Bsp. für

Bauteile aus Holz oder Stein im bauaufsichtlichen Bereich, erweitert wird. Sollte dies nicht

der Fall sein, ist eine Abwanderung der Abnehmer zu diesen Gewerken zu erwarten, um der

Preiserhöhungen durch die Zertifizierung zu entgehen. Die Einführung der DIN EN 1090 hat

demzufolge besonders für kleine und mittelständische Betriebe zum Teil

existenzbedrohende Auswirkungen, die auch die Verbesserungen der Transparenz, der

Einheitlichkeit und des Verbraucherschutzes nicht wettmachen können. Prognostiziert wird

eine Ausdünnung des Marktes zugunsten der ohnehin schon marktführenden

Großunternehmen. Kleine Betriebe haben entweder die Möglichkeit sich der Norm zu

beugen und eine Zertifizierung zu beantragen oder ihr Produktsortiment drastisch zu ändern

(was zu einem Rückgang der Stammkundschaft führt) und bei Misserfolg zu

Auftragsabnahme und sogar Konkurs führen kann.

5. Überprüfung der Hypothese nach Bortz/ Döring

5.1. Kriterium 1

Eine wissenschaftliche Hypothese bezieht sich immer auf reale Sachverhalte, die empirisch untersuchbar sind. Die Variablen der Hypothese müssen „messbar" sein. (E.N.)

Unabhängige Variable:	Wenn kleine oder mittelständische Unternehmen die DIN EN 1090 auf Grund ihrer inneren Struktur nicht umsetzen können...
Abhängige Variable:	dann führt dies zu Auftragsabnahme und Änderungen der Produktpolitik.
Intervenierende Variable:	

5.2. Kriterium 2

Eine wissenschaftliche Hypothese ist eine allgemeingültige, über den Einzelfall hinausgehende Behauptung.

Die DIN EN 1090 gilt sowohl für alle Hersteller tragender Stahl- und Aluminiumbauteile in Deutschland, sowie auch in den übrigen EU-Ländern. Die Allgemeingültigkeit ist somit gegeben. Wie in der Diskussion aufgezeigt, haben besonders kleine und mittelständische Unternehmen der betreffenden Branchen zum Teil mit gravierenden Komplikationen bei der Umsetzung der neuen Norm zu kämpfen. Die von den Verbänden und der Bauaufsicht vielfach versicherte Vereinfachung der Norm für kleine Betriebe blieb bisher aus. Folglich wird es durch die Einführung der Norm zu einer Abnahme der Auftragsanfragen kommen, da viele kleine und mittelständische Betriebe die Anforderungen der Ausschreibungen nicht mehr erfüllen können. Diese Betriebe müssen ihre Herstellung auf andere Produktkategorien ausrichten, um Ihre Existenz zu sichern.

5.3. Kriterium 3

Einer wissenschaftlichen Hypothese muss zumindest implizit die Formalstruktur eines sinnvollen Konditionalsatzes („Wenn-dann-Satz" bzw. „Je-desto-Satz") zu Grunde liegen.

Der Konditionalsatz zur Hypothese:
Wenn kleine oder mittelständische Unternehmen die DIN EN 1090 auf Grund ihrer inneren Struktur nicht umsetzen können, dann führt dies zu Auftragsabnahme und Änderungen der Produktpolitik.

5.4. Kriterium 4

Der Konditionalsatz muss potenziell falsifizierbar sein, d.h. es müssen Ereignisse denkbar sein, die dem Konditionalsatz widersprechen.

Es gibt neben den vielen Betrieben, die von den negativen Auswirkungen der DIN EN 1090 betroffen sind, auch kleine Betriebe, die eine Zertifizierung erreichen und wirtschaftliche Vorteile (vor allem gegenüber anderen kleinen Betrieben) daraus erhalten. Betriebe die sich schon jetzt für einen kleinen oder großen Schweißeignungsnachweis qualifiziert haben, dürften weniger Probleme mit der Umsetzung der Norm haben, als Betriebe, die diese Qualifikationen erst im Rahmen des Zertifizierungsprozesses erwerben. Die Marktbereinigung kann zu einem Kundenzuwachs bei den zertifizierten Betrieben führen, da die Konkurrenten - durch die Norm - vom Markt gedrängt wurden. Insofern ein Betrieb die Zertifizierung erreicht hat, kann das bisherige Produktangebot (wenn auch zu einem anderen Preis) aufrecht erhalten werden.

6. Abbildungen und Quellen

6.1. Abbildungsverzeichnis

- DIN EN 1090

6.2. Normen und Regelwerke

- DIN EN 1090-1: 2009 + A1: 2011, Beuth
- DIN EN 1090-2: 2011-10, Beuth
- Musterbuch DIN EN 1090, Dipl.-Ing. Karsten Zimmer

6.3. Quellenverzeichnis

- M & T Metallhandwerk, Ausgabe 11.2011, 113. Jahrgang, Seite 6-8,
  „Von der Kür zur Pflicht" Karl Duft
- Metallbau – Das Fachmagazin, Ausgabe 10/2011, Seite 8-13,
  „Bauproduktenverordnung" Reiner Oberacker
- Vorlesung/ Seminar, DIN EN 1090, Innung für Metall- und Kunststofftechnik Berlin,
  14.09.2011
- http://www.pressebox.de/pressemeldungen/inmas-gmbh/boxid/379116 , Schulungen DIN
  EN 1090 und CE- Zeichen für tragende Bauteile, Pressefach: INMAS GmbH
- Innung für Metall- und Kunststofftechnik, Mitglieder-Mitteilung BVM vom 01.04.2011 zur
  EN 1090
- Innung für Metall- und Kunststofftechnik, Mietglieder-Mitteilung BVM vom 10.03.2011 zur
  EN 1090
- Flyer/ Broschüre, DIN EN 1090-1 „Zertifizierung der werkseigenen Produktionskontrolle"
  GSI SLV